TUDO SOBRE A AMAZÔNIA

Edição 2020

Imagens capa:
Shutterstock/ TON-JR
Shutterstock/ COULANGES
Shutterstock/ asharkyu
Shutterstock/ Rosa Jay
Shutterstock/ Eric Isselee

Pé da letra

CB061659

Imagens devidamente adquiridas sob licença da Shutterstock para usuário 278330043 com o pedido: SSTK-0DB32-B759

LOCALIZAÇÃO

A Amazônia está localizada no Brasil, Bolívia, Colômbia, Equador, Venezuela, Guiana, Guiana Francesa, Peru e Suriname, e cobre uma área de 6,9 milhões de km², sendo a parte brasileira equivalente a 4.196.943 km² (aproximadamente 49% do território brasileiro).

Shutterstock/ tereza ferreira

TUCANO-TOCO

Shutterstock/ asharkyu

QUE SOM EU FAÇO®

ESCANEAR

A Amazônia é o maior bioma do Brasil, mas não é exclusivamente brasileiro, pois também abrange outros países. Possui a maior bacia hidrográfica e floresta tropical do mundo. Além de seu grande território, outra característica impressionante é a biodiversidade, suas particularidades são a vegetação extremamente densa, a diversidade da flora e fauna e os extensos rios, que são de extrema importância para o país. Na região amazônica, existem cerca de 2.500 espécies de árvores e 30.000 espécies de plantas, enquanto em toda a região da América do Sul existem 100.000 espécies.

FAUNA

A biodiversidade da Amazônia é surpreendente e extremamente rica, é mundialmente conhecida por seus animais. Muitas espécies que habitam seu ecossistema ainda não foram estudadas, existem aproximadamente 45 mil espécies de plantas e vertebrados, das quais 427 espécies de mamíferos; 1294 pássaros; 378 répteis; 400 anfíbios; cerca de três mil espécies de peixes; e ainda aproximadamente 128.840 espécies de invertebrados. Essa é apenas uma parte do bioma encontrado no Brasil, e que é composto principalmente por pássaros, roedores, répteis, insetos e anfíbios. Os tucanos, araras, papagaios, macacos, onças, crocodilos e peixes-boi são os símbolos desse bioma. A região amazônica responde por cerca de 20% de toda a diversidade animal do planeta, incluindo os animais que só existem nesse bioma, e que também correm risco de extinção.

Shutterstock/ guentermanaus

A piranha-vermelha é um peixe que pode ser encontrado em diversos locais da Amazônia, principalmente nas bacias dos rios Amazonas, Paraná e São Francisco. É um peixe de água doce da família Characidae. São de cor avermelhada, com cabeça e dorso cinza e comprimento máximo de 30 cm. Conhecidas também como chupita, coicoa, piranha-caju e piranha-vermelha-da-amazônia. As principais características deste peixe são os dentes afiados e o comportamento agressivo, o que leva a ataques violentos e frenéticos.

Boto-cor-de-rosa

O boto cor de rosa também conhecido como golfinho dos rios da Amazônia, é uma subespécie de água doce com muita personalidade, criaturas amigáveis e altamente inteligentes.

Samaúma

É considerada a árvore rainha da Amazônia. Com alturas que variam de 60 a 70 metros (mas que podem chegar a 90), a "mãe-das-árvores" é conhecida pela imensidão do tronco.

Vegetação e flora

A Amazônia abriga a floresta amazônica e é considerada a maior floresta tropical do mundo, cobrindo uma área de mais de 5 milhões de km². A floresta possui um grande número de espécies (animais e plantas), portanto, possui uma rica biodiversidade. O bioma possui uma floresta contínua de aproximadamente 3,65 milhões de km². Especificamente, a vegetação é dividida em três categorias: mata de terra firme, mata igapó e matas de várzea. Um levantamento realizado na Amazônia revelou que o bioma possui aproximadamente 14.003 espécies de plantas, divididas em árvores, ervas, arbustos, lianas e trepadeiras, destes, cerca de 76% estão no Brasil, grande parte dessas espécies possui grande potencial medicinal e, portanto, atrai o mercado farmacêutico, contribuindo para o crescimento econômico. Essas plantas também são utilizadas pelos indígenas que vivem na região. A vegetação do rio Amazonas é densa, formada por árvores de grande porte, sendo que algumas das árvores nativas são: andiroba, pupunha, açaí, seringueira, mogno, cedro, samaúma e castanheira.

Seringueira é o nome comum dado à planta do gênero Hevea, da família Euphorbiaceae. Apresenta folhas compostas, pequenas flores reunidas em amplas panículas. Sua madeira é branca e leve, e do seu látex é feita a borracha. Além do Brasil, a seringueira também é comum na Bolívia, Colômbia, Peru, Venezuela, Equador, Suriname e Guianas.

As principais atividades econômicas do estado do Amazonas estão relacionadas às atividades primárias, tais como: extração vegetal, mineral e animal, respectivamente denominada de extrativismo. Na extração mineral, o calcário e o estanho são os mais obtidos, na extração vegetal, atividade madeireira, retirada da castanha-do-pará, coleta de frutas locais e de borracha. Na agricultura, produz-se principalmente arroz, banana, laranja e mandioca.

SOLO

A Amazônia, apesar das florestas exuberantes, tem um solo com poucos nutrientes, porém, nas margens dos rios, podemos encontrar solos mais férteis, chamados de várzea. Essa camada é rica em húmus, que é uma matéria orgânica muito importante para certas espécies de plantas da região. Esta fina camada fértil vem da própria floresta, onde organismos (insetos, fungos, algas e bactérias) vivos reciclam nutrientes do meio ambiente, isso acontece em um processo biológico longo e complexo, o que explica como a floresta permanece verde e densa apesar do solo pobre. Durante as cheias, muitos nutrientes são acumulados neste solo. Nas áreas desmatadas, as fortes chuvas "lavam" o solo, levando embora seus poucos nutrientes que ali existem, é o chamado processo de lixiviação, que torna o solo amazônico ainda mais pobre, deste modo, apenas 14% de toda a região são considerados terras agrícolas férteis.

RELEVO DO BIOMA

ESCANEAR

Na Amazônia, existem três formas principais de relevo: planícies, representadas por áreas inundadas pelo rio; planaltos, representados por áreas de serras; e depressões, como a região no norte e no sul da Amazônia.

ÁREAS ESPECÍFICAS

Ainda são encontrados solos férteis em restritas áreas da região da Amazônia, com destaque para os Estados de Rondônia e Acre.

Curiosidade

Infelizmente existem dois processos que contribuem para o aquecimento global. Ao cortar uma árvore, o carbono armazenado nela escapará para a atmosfera; já quando ela é queimada, o CO_2 flui para atmosfera de uma só vez.

Clima

A Amazônia é uma área muito úmida e quente, em razão da existência de florestas, que perdem água para o meio ambiente devido à evapotranspiração. A área é caracterizada por chuvas de longo prazo, com taxas anuais de precipitação variando de 1.500 mm a 3.600 mm. O clima principal é úmido equatorial, o que é característico de algumas zonas próximas à linha do Equador, a temperatura média na época de menor umidade é de 27,9°C e a temperatura média na época de maior pluviosidade é de 25,8°C. No período das chuvas, a umidade do ar chega a 88%, mas mesmo na estação seca, a umidade do ar ainda é elevada, chegando a 77%. Conforme a intensidade das chuvas, o nível da água do rio sobe. À medida que o nível da água do rio aumenta, algumas áreas podem ser inundadas, uma vez inundadas, essas áreas serão mais ou menos adequadas para a vida de certos animais e plantas.

O motivo da alta incidência de chuvas na Amazônia é uma combinação de muitos fatores, mas principalmente pela existência da própria floresta, que é responsável por produzir uma grande quantidade de umidade na atmosfera. Na região amazônica, o tipo de chuva é a de convecção, que ocorre elevando-se o ar quente (mais leve) e pela descida do ar frio (mais pesado), e havendo a interação entre eles, resulta na condensação do ar úmido e na consequente precipitação.

HIDROGRAFIA

A bacia amazônica é uma rede de drenagem composta por um rio principal, o Rio Amazonas, e seus afluentes, cobrindo uma área de cerca de 7 milhões de km². Tem mais de mil afluentes (pequenos rios que nele deságuam), é o mais largo do mundo e é o grande responsável pelo desenvolvimento florestal. O rio Amazonas nasce na Cordilheira dos Andes, deságua no Oceano Atlântico e se divide em três partes: após entrar nos países andinos, é denominado Rio Marañon. Passa a se chamar Rio Solim quando entra no Brasil, e quando se encontra com as águas do Rio Negro, começa a se chamar de Rio Amazonas. Geralmente, eles são divididos em três tipos segundo a sua cor: águas barrentas, águas claras e águas pretas. Os chamados rios de águas barrentas, possuem esse nome pelo acúmulo de sedimentos e concentração de nutrientes; aqueles que possuem águas claras, têm baixas concentrações de nutrientes e sedimentos, e apresentam corredeiras; os rios de águas pretas, possuem concentração de areia e húmus.

CONHEÇA AS REGIÕES HIDROGRÁFICAS

ESCANEAR

Shutterstock/ Caio Pederneiras

O Arquipélago de Anavilhanas é uma das paisagens mais espetaculares do norte do país, e possui uma biodiversidade muito rica. Existem cerca de 400 ilhas, sua área de expansão é de 350.469,8 hectares, 70,5% no município de Novo Airão e 29,5% no de Manaus.

RIO AMAZONAS

O rio Amazonas foi descoberto em 1500, por Vicente Yañez Pinzón, que lhe deu o nome de Mar Dulce. Em 1532, Francisco Orellana, homem que fez a primeira descida no rio, trocou o nome para Amazonas.

IMPORTANTE!

O avanço indiscriminado sobre a mata já levou o País a criar uma lista de espécies protegidas por lei federal, sendo proibido o seu corte. Nessa lista estão a Castanheira, a Seringueira e o Mogno.

AMEAÇAS

Muitos problemas ambientais têm causado um desequilíbrio no ecossistema amazônico. As principais causas são: queimadas; garimpagem; agro pastoreio; desmatamento; contrabando de plantas silvestres; tráfico de animais; disputas de terras; assentamentos humanos; caça e pesca ilegal; falta de fiscalização. Dada sua importância para o equilíbrio ambiental global, o desmatamento no bioma Amazônia chocou o mundo. Pesquisadores, ambientalistas e representantes de governos de vários países e do Brasil expressaram preocupação com a proteção dos biomas e de sua biodiversidade. Estudos mostram que grande parte dessa comunidade biológica foi destruída pelo homem, o equivalente a quase 20% do total. Segundo dados do Instituto do Homem e Meio Ambiente da Amazônia (Imazon), entre 2017 e 2018, o desmatamento dos biomas aumentou cerca de 40%, e quase 4.000 km² de floresta virgem foram perdidos. Dados da Rede Amazônica de Informação Socioambiental Georreferenciada (Raisg) mostram que cerca de 68% das áreas protegidas na região amazônica estão sujeitas a alguma ameaças devido a interferências relacionadas à infraestrutura de transporte, energia, mineração e queimadas.

EXPLORAÇÃO DA TERRA

ESCANEAR

As queimadas, além de destruírem a biodiversidade, também podem afetar as pessoas que vivem nas proximidades dessas áreas. Porque em regiões com climas secos, as queimadas podem se espalhar e atingir áreas habitadas.

PRESERVAÇÃO

A Amazônia ainda é o bioma mais protegido do Brasil, ao todo, são 314 unidades de conservação (UCs), entre federais, estaduais e algumas municipais, cobrindo uma área de mais de 1 milhão de km², representando 26% da área total da Amazônia brasileira. Porém, devido à grande extensão territorial das florestas amazônicas, as UCs apresentam problemas de fiscalização. Para conter as ameaças que colocam em risco a manutenção da floresta, algumas ações podem ser tomadas, muitas das quais têm apresentado resultados positivos, tais como: políticas ambientais mais rígidas, estabelecimento de mais unidades de conservação e regularização fundiária.